Melanie Kuntzsch

Unterrichtseinheit zur Körperbetrachtung: Prisma - seine Eigenschaften und seine Netze (6. Klasse)

GRIN Verlag

Bibliografische Information der Deutschen Nationalbibliothek:

Die Deutsche Bibliothek verzeichnet diese Publikation in der Deutschen National-bibliografie; detaillierte bibliografische Daten sind im Internet über http://dnb.d-nb.de/ abrufbar.

Impressum:

Copyright © 2005 GRIN Verlag GmbH
Druck und Bindung: Books on Demand GmbH, Norderstedt Germany
ISBN: 978-3-640-41885-5

Dieses Buch bei GRIN:

http://www.grin.com/de/e-book/46340/unterrichtseinheit-zur-koerperbetrachtung-prisma-seine-eigenschaften

Unterrichtsentwurf für den ersten beratenden Unterrichtsbesuch im Fach Mathematik

Körperbetrachtung:
Prisma - seine Eigenschaften und seine Netze

Klasse: 6

Datum: 07.Juli 2005

Zeit: 08:35 Uhr bis 09:20 Uhr

Inhaltsverzeichnis

1. Analytischer Teil

1.1 Analyse der Rahmenbedingungen

Die W.-Realschule befindet sich im Bildungszentrum außerhalb des Ortszentrums. In diesem Gebäudekomplex ist neben der Realschule noch das L.-Gymnasium untergebracht, außerdem befindet sich auf dem Areal in einem separaten Gebäude die C. Förderschule.

Das Einzugsgebiet der Schule umfasst die Gemeinden XXX.

An der Schule gibt es vielfältige Angebote für Arbeitsgemeinschaften wie die AG Weinberg, AG Schulgarten mit einem Backhaus und auch eine Bienen AG. Die fertigen Produkte wie Wein und Honig werden an der Schule oder auch bei Festen verkauft.

1.2 Analyse der Lernvoraussetzungen

In dem Klassenzimmer der Klasse 6 (Raum xxx) befindet sich ein Overheadprojektor, eine aufklappbare Tafel, eine verstellbare magnetische Tafel, an den Wänden hängen Plakate und Schülerbeiträge.

Die Klasse 6 besteht aus 31 SchülerInnen, hiervon 14 Mädchen und 17 Jungs. Die Klassensituation ist recht schwierig, da die Klasse im Fach Mathematik bis zu den Osterferien in zwei Hälften geteilt war, dann allerdings aufgrund der Abordnung meiner Mentorin Frau Zerr an eine andere Schule plötzlich wieder zusammengelegt wurde. Somit kenne ich die eine Hälfte gut, die andere hingegen kaum, was das Unterrichten in dieser Klasse erschwert. Für die SchülerInnen kam dieser Wandel auch überraschend und sie mussten sich in diese neue Situation einfinden. Die Hälfte meiner Mentorin ist Gruppenarbeit und offene Arbeitsformen wie Stationen-Lernen gewohnt, wohingegen die andere Gruppe frontal unterrichtet wurde. Die Klasse ist im Allgemeinen etwas unruhig, aber der Großteil ist interessiert am Mathematikunterricht. Viele lassen sich allerdings gerne und leicht ablenken von den Späßen einiger Mitschüler. Die Sitzanordnung ist in Reihen mit Blick nach vorne, also eher frontal und es ist auch etwas eng im Raum zum Umstellen der Tische oder zum Bilden eines Stuhlkreises.

Eine Schülerin dieser Klasse sitzt im Rollstuhl und leidet an einer Unterentwicklung der Sehnen und Gelenke. Sie hat ständig einen Betreuer bei sich und geht während des Unterrichts öfters mit diesem nach draußen. Beiträge von M. sind oft sehr schwer zu verstehen, da sie sehr leise spricht, woran auch das Mikrofon nichts ändert. Es ist auch schwierig sie in eine Gruppe bei Gruppenarbeit zu integrieren, da viele MitschülerInnen nicht mit ihr zusammen arbeiten möchten.

1.3 Sachanalyse

Prismen entstehen durch eine Translation eines Polygons im Raum, wobei der Translationsvektor nicht parallel zur Ebene des Polygons ist. Die Punkte des Polygons überstreichen dabei eine Punktmenge im Raum, welche als (schiefes) Prisma bezeichnet wird. Der Umriss des Polygons erzeugt den *Mantel* des Prismas. Das Urpolygon und sein Bild heißen *Grund- und Deckfläche*. Ihr Abstand bezeichnet die *Höhe* des Prismas. Ist der Translationsvektor senkrecht zur Ebene des Polygons, spricht man von einem *geraden Prisma* (dtv-Atlas zur Mathematik, 1987: 173).

Die beiden Polygone, die nach der Verschiebung in zwei zueinander parallelen Ebenen liegen, sind *kongruent*. Der Mantel (die Seitenflächen) wird durch *Parallelogramme* begrenzt, bei geraden Prismen durch *Rechtecke* (Müller, 2000: 23).

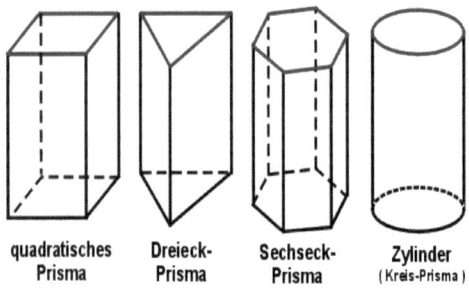

| quadratisches Prisma | Dreieck-Prisma | Sechseck-Prisma | Zylinder (Kreis-Prisma) |

Der Name eines Prismas bezieht sich auf die Anzahl der Ecken des Polygons, welches verschoben wird. Den Eigenschaften des Prismas entsprechen auch der Würfel, der Quader und der Zylinder.

2

1.4 Didaktische Analyse

1.4.1 Bezug zum Bildungsplan

Laut den Leitlinien der Mathematik sollen SchülerInnen dazu befähigt werden, Gegebenheiten der Realität zu beschreiben. Hierfür brauchen sie eine gewisse Fachsprache, die vermittelt werden muss um Dinge exakt zu beschreiben.

Laut Bildungsplan 2004 werden in Klasse 5 und 6 folgende Kompetenzen der *Leitidee Raum und Form* angebahnt und ausgebaut:

Die SchülerInnen können

> ➤ geometrische Strukturen in der Umwelt erkennen und sie beschreiben.

> ➤ Eigenschaften und Beziehungen geometrischer Objekte anhand definierender Merkmale beschreiben und begründen.

> ➤ geometrische Figuren auch im Koordinatensystem zeichnen unter Verwendung geeigneter Hilfsmittel.

Im Bildungsplan 2004 wird nicht explizit erwähnt, dass im Unterricht das Prisma behandelt werden soll - *Körperbetrachtungen* sind ein Vorschlag zum Erzielen der oben genannten Kompetenzen.

1.4.2 Begründung der Inhaltsauswahl

Das Primärziel des Geometrieunterrichts ist die Ausbildung des *räumlichen Vorstellungsvermögens*. Der Körper Prisma ist in der räumlichen Geometrie einzuordnen und ist deshalb ein geeigneter Lerngegenstand für die SchülerInnen. Der Inhalt bietet sich an, da viele Alltagsgegenstände prismenförmig sind, vor allem Verpackungen und Gebäudedächer oder auch Gebäude selbst. So können die SchülerInnen den Raum, in dem wir leben erschließen und diesen beschreiben. Dieser Lerngegenstand bietet eine Vielzahl an Zugangsweisen. Die SchülerInnen können handlungsorientiert Körper bauen und somit ihre Raumvorstellung schulen und überprüfen. Das Bauen der Körper mit Hilfe des Effekt-Systems - ein Baukastensystem zur Raumgeometrie, basierend auf der Idee der Gummibandkörper - steigert die Motivation der SchülerInnen durch die Ästhetik der transparenten Körper. Die Raumwahrnehmung und das räumliche Vorstellungsvermögen werden spielerisch aufgebaut. So gehen die SchülerInnen handlungsorientiert und zugleich spielerisch mit den definierenden Eigenschaften um.

1.4.3 Vermittlung des Inhalts

In der Realschule werden nur *gerade* Prismen behandelt. In dieser Stunde geht es auch nur um Prismen mit Vielecken als Grund- und Deckflächen, das heißt der Zylinder als Kreisprisma bleibt außen vor, da dieser in dieser Einführungsstunde vorwiegend Verwirrung stiften würde. Vorkenntnisse aus Klasse fünf in Bezug auf Würfel und Quader können durch einen Vergleich mit Prismen und die Erkenntnis, dass diese beiden Körper auch Prismen sind, reaktiviert werden.

Dieser Lerngegenstand bietet viele Möglichkeiten zur Umsetzung folgender Prinzipien:

> * *Prinzip der Anschauung* durch geeignete Anschauungsobjekte und Alltagsgegenstände in Form von Prismen, Quader und andere
> * *Prinzip der Handlungsorientierung* - indem SchülerInnen Alltagsgegenstände sortieren und Netze von Prismen legen und diese bauen
> * *Prinzip der Lebensnähe der SchülerInnen* durch die Verpackungen, die die SchülerInnen aus ihrem Alltag kennen
> * *Prinzip der Ganzheitlichkeit* wird umgesetzt, indem die SchülerInnen, die Eigenschaften selbst erkennen und mit ihren Worten formulieren oder von MitschülerInnen hören (auditiver Lerntyp), sie sehen die Körper (visueller Lerntyp) und sie können diese fühlen und mit den Körpern umgehen (haptischer Lerntyp) sowohl beim Einstieg als auch in der Anwendungsphase
> * *Prinzip der Problemorientierung* durch die Aufgabe, dass eine Verpackungsfirma eine neue Verpackung für prismenförmige Produkte sucht. Die SchülerInnen entwickeln heuristische Strategien zum Lösen des Problems, beispielsweise bauen sie erstmal den Körper nach und zerlegen diesen immer wieder zum Finden der Netze. Hier gibt es verschiedene Lösungen und Lösungswege.
> * *Prinzip der Variation der Darstellungsebenen nach Bruner:*
>   Der Einstieg ist *enaktiv*, die SchülerInnen sortieren Gegenstände.
>   In der Erarbeitungsphase folgt eine Darstellung in der *symbolischen Ebene*, das heißt eine *Verbalisierung* der Eigenschaften und die *Formalisierung* auf einem Plakat und auf dem Arbeitsblatt. In der Anwendungsphase erfolgt eine *Ikonisierung* durch die Darstellung der Netze auf dem Plakat
>   (Zech, 1998: 104ff).

Bisher wurde die Achsenspiegelung wiederholt und die Drehung eingeführt. Nach einer Widerholungsstunde zum Quader und Würfel erfolgt nun die Einführungsstunde zum Thema *Körperbetrachtungen* anhand des Prismas, woraufhin die Pyramide folgt.

2. Entscheidungsteil

2.1 Kompetenzorientierung (Intentionen)

Die im Folgenden genannten Kompetenzen werden in dieser Stunde angebahnt oder ausgebaut.

2.1.1 Fachkompetenz

➢ Die SchülerInnen können verschiedene und ähnliche Objekte im Hinblick auf Unterschiede und Gemeinsamkeiten untersuchen und diese vergleichen.

➢ Die SchülerInnen erkennen gemeinsame Merkmale mehrerer Objekte und generalisieren.

➢ Die SchülerInnen schulen ihre Argumentationsfähigkeit, indem sie begründen warum sie wie sortiert haben.

➢ Die SchülerInnen erfassen die Eigenschaften eines Prismas anhand vieler Anschauungsobjekte.

➢ Die SchülerInnen suchen Netze von Prismen, erkennen und überprüfen, ob diese richtig oder falsch sind.

➢ Das räumliche Vorstellungsvermögen wird ausgebildet.

2.1.2 Methodenkompetenz

Die SchülerInnen

➢ bilden Gruppentische und finden sich in 4er oder 5er Gruppen zusammen

➢ erkennen anhand vieler Anschauungsobjekte die Eigenschaften (induktive Vorgehensweise).

➢ erfassen Arbeitsaufträge und setzten diese um.

➢ schulen ihre Feinmotorik durch das Bauen der Gummibandkörper.

2.1.3 Soziale Kompetenz und Personale Kompetenz

➢ Rücksichtnahme auf Mitschüler

➢ Teamfähigkeit in der Gruppenarbeit

➢ Verantwortungsbewusster Umgang mit dem Material

➢ Sich selbst zurücknehmen, wenn andere sprechen

➢ Sich einbringen in der Gruppenarbeit, aber sich auch zurücknehmen können

➢ Kompromissbereitschaft

2.2 Thema

Das Thema der Stunde umfasst *Körperbetrachtungen: Prisma - seine Eigenschaften und seine Netze*.

2.3 Methoden- und Medienanalyse

2.3.1 Einstieg

Hier könnte man auch eher von der Stundeneröffnung oder vom Stundenbeginn sprechen, denn hier erfolgen die Begrüßung und die Vorstellung des Gastes. Der eigentliche Einstieg erfolgt in der Motivationsphase.

2.3.2 Motivation

Möglich wäre ein *informeller Einstieg*, wobei den SchülerInnen das Stundenthema und der Ablauf des Tages genannt würden. So wüssten die SchülerInnen, was sie in dieser Stunde erwartet und könnten sich darauf einstellen, Transparenz wäre geschaffen. Allerdings wären auch die Spannung und der Reiz genommen, deswegen entschied ich mich für einen anderen Einstieg.

Es wäre auch ein Einstieg möglich, bei dem man die *Vorkenntnisse der SchülerInnen reaktiviert*, um sie dort abzuholen, wo sie stehen. Allerdings wurde in der Stunde zuvor der Quader wiederholt und somit müssten die bereits erworbenen Kenntnisse wieder verfügbar sein. Außerdem können die

Vorkenntnisse *im Lauf der Stunde* auf das neue Thema transferiert werden, indem man den Quader und das Prisma vergleicht (SchülerInnen erkennen, dass ein Quader auch ein Prisma ist), so wird das vernetze Denken gefördert und die SchülerInnen erkennen Zusammenhänge - kumulatives Lernen wird ermöglicht.

Der tatsächliche Einstieg soll einen *handelnden Umgang mit dem neuen Thema* ermöglichen. Die SchülerInnen sitzen bereits in sieben Gruppentischen (nur für diese Stunde, sonst frontale Sitzordnung) à vier oder fünf Personen. Da ich für den Einstieg aber nur 6 Gruppen benötige, wird eine 4er- Gruppe an die anderen Tische verteilt. Jede Gruppe erhält von mir verschiedene Alltagsgegenstände und Körper aus Styrodur - alles unterschiedliche Prismen und ein Gegenstand, der kein Prisma ist. Der Arbeitsauftrag lautet nun: *„Sortiert die Gegenstände und begründet warum ihr in dieser Weise sortiert habt."* So schulen die SchülerInnen die geistige Grundtechnik des Vergleichens nach H. Winter. Sie werden sensibilisiert für die Gemeinsamkeiten und Unterschiede der verschiedenen Körper und auch für die Eigenschaften des Prismas. Sie gehen bereits mit Prismen um - ohne zu wissen, wie dieser Körper heißt. Durch das Fühlen der Körper, können sie später die Eigenschaften besser erkennen, da sie bereits in der Kleingruppe darüber diskutiert haben. So wird auch die Spannung und die Motivation für den weiteren Verlauf der Stunde erhöht, da die SchülerInnen wissen möchten, wie dieser Körper heißt. Dieser induktive Einsteig ermöglicht dem SchülerIn die Bildung von Hypothesen und zum selbständigen Finden eines Merksatzes.

Das Thema hätte auch deduktiv angegangen werden können, indem durch eine Art Rätsel die Eigenschaften bereits vorgegeben werden („Was bin ich?"). Allerdings hätten die SchülerInnen dieses noch nicht lösen können, da sie den Begriff Prisma noch nicht kennen. Im Laufe der Stunde hätte dieses Rätsel gelüftet werden können und dann werden erst Beispiele für Prismen gegeben.

Ich bevorzuge die induktive Vorgehensweise mit integriertem handlungsorientiertem Ansatz auf der enaktiven Ebene, da die SchülerInnen so die Merkmale selbst herausfinden und dies somit verinnerlicht wird. Laut

Piagets *These der Verinnerlichung* wird durch Operationen der Lerninhalt besser verinnerlicht und ist somit länger verfügbar.

Als Alternative hätte auch eine *Folie* oder ein *Plakat* mit verschiedenen Körpern gezeigt werden können, allerdings wären dann die Körper zweidimensional dargestellt worden und den SchülerInnen könnte der Transfer von den gezeigten Flächen auf die Körper schwer fallen. Deswegen entschied ich mich für Realien.

Die SchülerInnen stellen ihre Ergebnisse vor und erklären nach welchen Kriterien sie sortiert haben. Eventuell wird hier bereits das Gespräch auf einige Eigenschaften des Prismas gelenkt durch die Begründungen der Gruppen. Ansonsten haben sie sich bereits handelnd mit dem neuen Thema auseinandergesetzt.

2.3.3 Erarbeitung

Vorne lege ich verschiedene Körper aus Styrodur und Gegenstände aus, die die SchülerInnen teilweise auf ihrem Gruppentisch liegen haben (Hierfür steht ein Tisch vorne etwas separat). Die SchülerInnen sehen vorne die Gegenstände, haben aber auch noch ihre sortierten auf ihrem Gruppentisch liegen, so können sie die Gegenstände noch mal genauer betrachten und erfühlen.

Hier wäre wieder eine Alternative eine Folie oder ein Plakat mit diesen Gegenständen zu zeigen, aber aus dem bereits in 2.3.2 genannten Grund habe ich mich auch hier für echte Gegenstände entschieden, so wird das Thema Körper für die SchülerInnen fassbarer und anschaulicher.

Zur Hinführung zum Thema gebe ich den Impuls, die Gegenstände miteinander zu vergleichen - eventuell auch im Unterschied zu einem Nicht-Prisma, wie eine Pyramide (das entscheide ich spontan, je nach den Ideen und Begründungen der SchülerInnen in der Motivationsphase). Falls nach der weiten Frage *„Was fällt euch auf?"* keine nützlichen Ideen der SchülerInnen kommen, frage ich etwas enger: *„Was haben diese Gegenstände alle gemeinsam, worin unterscheiden sie sich?"* Weitere Hilfestellungen können Fragen sein wie *„Welche Flächen hat dieser Körper? Welche Flächen haben diese Körper alle gemeinsam? Welche Flächen sind gleich groß?"* → Hier werden Begriffe erarbeitet wie Grund-, Deck- und

Seitenfläche, Grund- und Deckfläche sind deckungsgleich/kongruent und die Seitenfläche liegt senkrecht zur Grund- und Deckfläche, Einführung des Wortes „Prisma".

Die SchülerInnen erfassen somit die gemeinsamen und sogleich wesentlichen Merkmale mehrerer verschiedener Prismen, sie *generalisieren* (geistige Grundtechnik nach H. Winter).

Hier hätte man auch mit Hilfe eines geeigneten Arbeitsblattes die SchülerInnen selbst in Gruppen die Eigenschaften entdecken lassen können, allerdings ist hier ein Unterrichtsgespräch von Vorteil, da so alle denselben Stand haben und eine gemeinsame Ergebnis-Sicherung erfolgt, worauf aufgebaut wird. Darüber hinaus bringt das Unterrichtsgespräch ein Wechsel der Sozialform, was Abwechslung in den Unterricht bringt.

2.3.4 Ergebnissicherung

Die SchülerInnen erhalten ein *Arbeitsblatt*, welches einerseits zur Fixierung des Erarbeiteten in Form eines Lückentextes dient, aber auch als eine schriftliche Darbietung des in der Anwendungsphase folgenden Arbeitsauftrags.

Ein *Plakat* mit dem Lückentext dient zur Visualisierung des Erarbeiteten, die neuen Begriffe sind auf grünen Karten vorgeschrieben. Dies dient der Hervorhebung der wesentlichen Begriffe. Die SchülerInnen ordnen diese Karten mit den Begriffen den entsprechenden Lücken zu. Ein Plakat hat den Vorteil, dass es die restliche Stunde hängen bleiben kann (auch nach der Stunde) und die SchülerInnen somit ständig die Eigenschaften vor Augen haben und sich diese leichter einprägen. Durch den Lückentext (auch auf dem Arbeitsblatt) wird die Lernzeit erhöht, da nicht alles abgeschrieben werden muss, sondern nur das Wesentliche eingetragen wird. So bleibt mehr Zeit für die Anwendungsphase.

Alternativ könnte man auch das Arbeitsblatt als *Folie* auflegen und Wortschnipsel, in die entsprechenden Lücken sortieren lassen. So sind die neuen Begriffe bereits vorgegeben, aber die SchülerInnen müssen dies noch zuordnen.

Der Merksatz könnte auch von einem *SchülerIn formuliert* werden und diesen den anderen *diktieren*. Allerdings bliebe dann weniger Zeit für die Anwendungsphase, worauf ich in dieser Stunde mehr den Schwerpunkt lege.

2.3.5 Anwendung

Die Anwendungsphase wird anhand einer *Problemstellung* durchgeführt: *„Eine Verpackungsfirma hat verschiedene prismenförmige Produkte. Allerdings ist die momentane Verpackung quaderförmig. So ging schon öfters ein Produkt kaputt, da es in der Schachtel hin- und herfliegt. Auch die Materialkosten sind extrem hoch, da die Verpackung viel größer ist, als das Produkt. Jetzt könnt ihr dieser Firma helfen, indem ihr Netze sucht, die genau um die Produkte herumpassen."* Ich zeige die verschiedenen Produkte, die verpackt werden sollen. Dann zeige ich den SchülerInnen das *Effekt-System* und erkläre wie man damit arbeitet. Außerdem erhalten die SchülerInnen *Plakate* auf denen sie die Netze fixieren (so kann es dann dieser Verpackungsfirma gezeigt werden). Die Netze können sie mit Hilfe des Effekt-Systems bauen und die Umrisse auf das Plakat nachzeichnen. Dies erspart Zeit und die SchülerInnen können sich selbst kontrollieren. Jede Gruppe erhält ein Produkt in Form eines Dreieck-Prismas entweder mit gleichseitigen oder gleichschenkligen Dreiecken oder ein Fünfeck-Prisma; einen Satz des Effekt-System, welches zur Erstellung von 2 Körpern ausreicht, ein Plakat und einen dickeren Buntstift.

Die Anwendungsphase könnte auch in Form von *Klassifizierungsübungen* erfolgen: ein Schüler sucht sich einen Gegenstand, der Styrodur-Körper oder der Alltagsgegenstände, aus und entscheidet, ob es sich um ein Prisma handelt oder nicht und begründet dies. Nach einigen Beispielen, erfolgt eine Abstrahierung in Form eines Arbeitsblatts mit verschiedenen Prismen und Nicht-Prismen. Auch hier entscheiden die SchülerInnen, ob ein Prisma vorliegt und begründen ihre Entscheidung. Dies halte ich mir als *Puffer* offen, falls die Zeit zu knapp wird und es sich nicht mehr lohnt mit der Problemstellung zu beginnen.

2.3.6 Präsentation

Die Präsentation wird erst in der *nächsten Stunde* durchgeführt, da sonst die Gruppenarbeitsphase zu kurz wäre und auch die Präsentationen zu kurz kämen. Da aber die Schülerplakate den anderen gezeigt und auch im Plenum diskutiert werden sollen, wird dies erst in der Folgestunde am nächsten Tag durchgeführt. Die Schüler können auch für die Präsentation ein passendes Prisma bauen und diese den anderen zeigen. So können sich diese besser vorstellen, ob die Netze richtig sind oder nicht. Das dynamische Raumvorstellungsvermögen wird dennoch geschult.

2.3.7 Abschluss

Die Gruppenarbeit wird durch das Abspielen von Musik beendet, so können die SchülerInnen sich langsam darauf einstellen, dass sie ihre Aktivität beenden und ihren Blick nach vorne richten.

Die *Hausaufgabe* wird gestellt: Die SchülerInnen erhalten ein weiteres Blatt mit einem vorgegebenen Netz eines Dreieck-Prismas, welches sie zuhause zusammenbauen.

Eine weitere Möglichkeit wäre auch gewesen, die Schülerinnen ein Netz zu einem Dreieck-Prisma entwerfen zu lassen und dieses dann tatsächlich zu bauen. Allerdings hätte dann die Gruppe die als Produkt ein Dreieck-Prisma hatte, einen enormen Vorteil. Deshalb entschied ich mich ein Netz vorzugeben.

3. Verlaufsplanung

Name:	Melanie Kuntzsch	**Unterrichtseinheit:** Körperbetrachtung - Prismen
Schule:	W.-Realschule, Königsbach	
Klasse:	6	**Ziele der Stunde:**
Fach:	Mathematik	Die SchülerInnen erkennen die Eigenschaften eines Prismas anhand vieler
Datum:	07.07.2005	Anschauungsobjekte. Sie können ein Netz zeichnen und ein Prisma bauen
		mit dem Effekt-System.

Zeit	Phasen	Interaktionsverhalten	*Sozialform* / Medien
08:35	Einstieg	Begrüßung und Vorstellung des Gastes.	*LV*
08:37	Motivation	1 Gruppe wird auf die anderen aufgeteilt, so dass es 6 Gruppen gibt. L hat verschiedene Alltagsgegenstände und Körper dabei, die auf jeden Gruppentisch gestellt werden. Die S sitzen in 7 Gruppen à 4 oder 5 Personen. Der Auftrag lautet diese Gegenstände zu sortieren. Vorwiegend sind diese Körper verschiedene Prismen, aber auch Quader und je ein Gegenstand, der gar nicht dazu passt. S stellen ihre Ergebnisse vor und begründen, warum sie die Gegenstände wie (nach welchen Kriterien) sortiert haben. Dann geht die aufgeteilte Gruppe wieder an ihren gemeinsamen Gruppentisch.	*SSG/GA* Alltagsgegenstände Styrodur-Körper CD CD-Player
08:47	Erarbeitung	L legt Gegenstände vorne aus (jedes einmal - ca. 5 Gegenstände) - ähnliche oder dieselben, welche die S vor sich liegen haben. L gibt den Impuls, die Gegenstände miteinander zu vergleichen - auch im Unterschied zu dem Nicht-Prisma. „Was fällt euch auf? Was haben all die Gegenstände gemeinsam und worin unterscheiden sie sich zu diesem einen?" Ideen der S werden gesammelt. *Hilfestellungen des L können sein:* „Welche Flächen hat dieser Körper?" → Rechtecke, Dreiecke, Vierecke, Fünfecke, Sechsecke,.... „Welche dieser Flächen sind gleich groß?" → Dreiecke, Vierecke, Fünfecke,.... „Das nennt man die Grundfläche und die Deckfläche dieses Körpers." „Wie liegen denn diese Flächen zueinander?" → Parallel „Welche Flächen gibt es noch außer den Grund- und Deckflächen?" → Rechtecke, Quadrate = Seitenflächen „Wie liegen diese zu den Grund- und Deckflächen?" → senkrecht → Diese Körper nennt man „ein Prisma" S fragen „Was ist ein Prisma? S fasst in seinen Worten zusammen.	*SV* Alltagsgegenstände Styrodur-Körper *UG*

12

Zeit	Phase	Beschreibung	Methode/Material
09:00	Ergebnis-sicherung	L hängt ein Plakat auf. Die S vervollständigen mit Hilfe von „Wortschnipseln" auf den Karten den Merksatz. Sie erhalten ein AB auf dem dieselben Lücken zu füllen sind, wie auf dem Plakat. Sie tragen diese auf ihr Blatt ein. Sie beschriften auch ein Prisma auf dem Blatt mit Grund-, Deck- und Seitenfläche.	*UG/ EA* AB Plakat grüne Karten Magnete
09:07	Anwendung	**Problemstellung:** eine Verpackungsfirma hat prismenförmige Produkte. Allerdings ist die Verpackung quaderförmig. So ging schon öfters mal ein Produkt kaputt, da es in der Schachtel hin- und herfliegt, aber die Materialkosten sind auch extrem hoch, da die Verpackung viel größer ist, als das Produkt. Jetzt könnt ihr dieser Firma helfen, indem ihr Netze sucht, so dass diese genau um die Produkte herumpassen." Erklärung des Arbeitsauftrags und des Effekt-Systems. Ankündigung dass restliche Stunde Zeit bis Musik ertönt. Präsentationen der Ergebnisse erfolgen in der nächsten Stunde. Jede Gruppe erhält ein Prisma, Effekt-System mit den entsprechenden Netzen, ein Plakat. Jede Gruppe soll so viel Netze wie möglich finden und diese auf ein Plakat malen, indem sie die Umrisse des Effektsystems nachzeichnet.	*LV* *GA* Modell- Prisma Effektsystem Gummibänder Plakat Edding
09:19	Abschluss	Nennung der Hausaufgabe (Beschriftung des Netzes mit Grund-, Deck- und Seitenfläche und das Bauen eines Dreieck-Prisma anhand eines vorgefertigten Netzes) und Verabschiedung	*LV*
	Maximal planung	**VARIABEL:** Falls die Zeit zu knapp wird und nach der Ergebnissicherung nur noch 5 min zur Verfügung sind, wird eine Klassifizierungsübung eingeschoben. Die S suchen sich Körper aus und entscheiden, ob es sich um ein Prisma handelt oder nicht und begründen dies. Zur Abstrahierung erhalten sie eine AB mit verschiedenen Prismen, bei denen sie wieder entscheiden und begründen anhand der Eigenschaften eines Prismas. Dieses bearbeiten sie in Partnerarbeit. Als Hausaufgabe wird das restliche AB bearbeitet. **PUFFER:** Falls doch noch genügend Zeit sein sollte, können die S ihre Ergebnisse im Plenum präsentieren und diskutieren. Die Richtigkeit der Netze wird durch Zusammenbauen überprüft.	*UG/ PA* Körper AB

EA = Einzelarbeit
PA = Partnerarbeit
UG = Unterrichtsgespräch
SV = Schülervortrag
LV = Lehrervortrag

GA = Gruppenarbeit
SSG = Schüler-Schüler-Gespräch
S = SchülerInnen
L = LehrerIn
AB = Arbeitsblatt

4. Literaturverzeichnis

Bildungsplan 2004 Realschule, Baden-Württemberg; Ministerium für Kultus, Jugend und Sport

GEW-Lehrprobenbörse (2005): http://www.gew-berlin.de/lehrprobenboerse/_bin/index.php?action=authenticate_form&

Maier Prof. Dr. H. (2005): *effekt Baukastensystem, aktiv-entdeckendes Lernen mit dem effekt-system*. Skript von der Pädagogischen Hochschule Karlsruhe

Maier Prof. Dr. H. (2003): *Didaktik der Geometrie in der Sekundarstufe I*. Skript von der Pädagogischen Hochschule Karlsruhe

Maroska, Rainer u.a.: Schnittpunkt 6 Baden Württemberg; Klett-Verlag, Stuttgart, 1994.

Meyer H. (2000): *Unterrichtsmethoden*, II: Praxisband, 11. Auflage. Cornelsen Verlag Scriptor, Berlin

Müller K. P. (2000): *Raumgeometrie, Raumphänomene - Konstruieren - Berechnen*, 1. Auflage. B.G. Teubner GmbH, Stuttgart

Reinhardt F./ Soeder H. (1987): *dtv-Atlas zur Mathematik,* Band 1 und 2, 7. Auflage. Deutscher Taschenbuchverlag GmbH & Co. KG, München

Zech F. (1998): *Grundkurs Mathematikdidaktik,* 9. Auflage. Beltz Verlag, Weinheim und Basel

Zentrale für Unterrichtsmedien (2005): http://www.zum.de/dwu/mkb011vs.htm
(für Bilder von verschiedenen Prismen für das Regel-Plakat)

Plakat:

Ein **PRISMA**

ist ein KÖRPER mit zwei gleichen Flächen

als Grund- und Deckfläche. Diese

liegen parallel zueinander.

Die Seitenfläche besteht

aus Rechtecken. Die Rechtecke sind

senkrecht zur Grund- und Deckfläche.

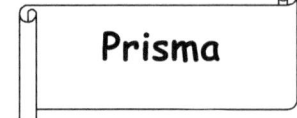

Prisma

Ein **PRISMA**

ist ein _____ mit _____ _____ als

_____. Diese liegen _____

zueinander.   Die   _____   besteht   aus

_____.   Die   _____   sind

_____ zur _____.

Beschrifte die Flächen
des Prismas!

Arbeitsauftrag:

Sucht so viele Netze wie möglich (mindestens zwei), mit denen man eine

Verpackung für euer Produkt bauen kann. Legt Netze mit den Flächen die ihr

bekommen habt. Diese verbindet ihr durch Gummibänder. Wenn ihr ein Netz

gefunden habt, überprüft dieses durch Zusammenbauen oder hochklappen.

Zeichnet mit Hilfe eines dicken Stiftes die Umrisse des Netzes auf das Plakat.

16

Aufgabe: Beschrifte die Fläche mit Grund-, Deck-
und Seitenfläche!
Schneide das untere Netz aus
und stelle daraus ein Prisma her!

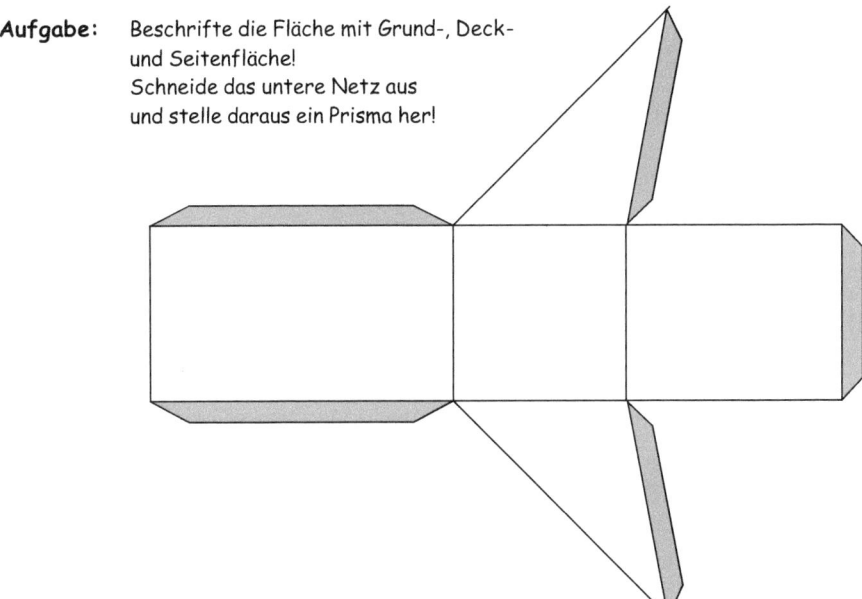

Aufgabe: Beschrifte die Fläche mit Grund-, Deck-
und Seitenfläche!
Schneide das untere Netz aus und
stelle daraus ein Prisma her!

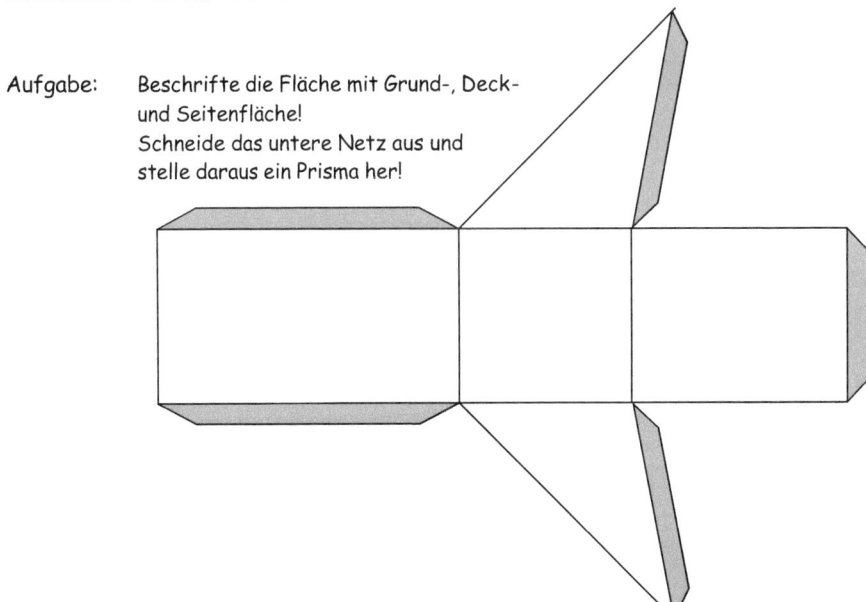

Handelt es sich um ein Prisma?

Entscheide, ob der dargestellte Körper ein Prisma ist.

Falls **ja:**   Male die Grund- und Deckfläche an.
              Wie viele Seitenflächen hat das Prisma?

Falls **nein**, nenne die Eigenschaft, die nicht erfüllt ist.

Abkürzungen:
G = Grundfläche
D = Deckfläche
S = Seitenfläche

1)

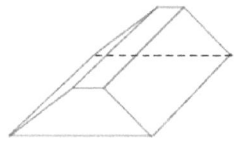

_____

_____

2)

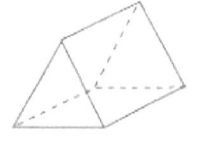

_____

_____

3)

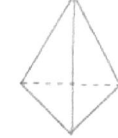

_____

_____

4)

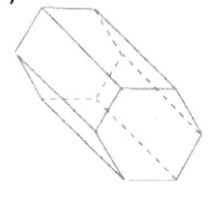

_____

_____

5)

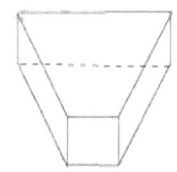

_____

_____

6)

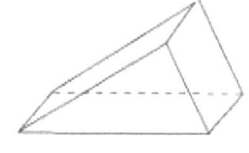

_____

_____